小山的中国地理探险日志

U0166566

蔡峰————编绘　栗河冰————主审

丝绸之路

下卷

电子工业出版社·

Publishing House of Electronics Industry

北京·BEIJING

图书在版编目（CIP）数据

小山的中国地理探险日志.丝绸之路.下卷 / 蔡峰编绘. -- 北京：电子工业出版社，2021.8
ISBN 978-7-121-41503-6

Ⅰ.①小… Ⅱ.①蔡… Ⅲ.①自然地理 – 中国 – 青少年读物 Ⅳ.①P942-49

中国版本图书馆CIP数据核字（2021）第128704号

责任编辑：季　萌
印　　刷：天津市银博印刷集团有限公司
装　　订：天津市银博印刷集团有限公司
出版发行：电子工业出版社
　　　　　北京市海淀区万寿路173信箱　邮编：100036
开　　本：889×1194　1/16　印张：36.25　字数：371.7千字
版　　次：2021年8月第1版
印　　次：2024年11月第8次印刷
定　　价：260.00元（全12册）

凡所购买电子工业出版社图书有缺损问题，请向购买书店调换。若书店售缺，请与本社发行
部联系，联系及邮购电话：（010）88254888，88258888。

质量投诉请发邮件至zlts@phei.com.cn，盗版侵权举报请发邮件至dbqq@phei.com.cn。

本书咨询联系方式：（010）88254161转1860，jimeng@phei.com.cn。

丝绸之路

从中国的西安到欧洲的罗马，丝绸之路全长约7000千米，其中中国境内长约4000千米。路线走法不同，丝绸之路的长度也不同。如今从西安到新疆的喀什，全程高速公路，约3700千米。在本书中，小山先生将长途跋涉，穿越丝绸之路的河西走廊和新疆区域，东起乌鞘岭，西至帕米尔高原，南到祁连山、阿尔金山一带，北抵阿尔泰山及额尔齐斯河。

好啦，小山先生的西部之旅开始咯！

目 录

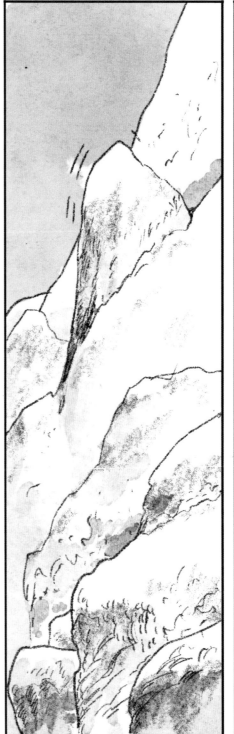
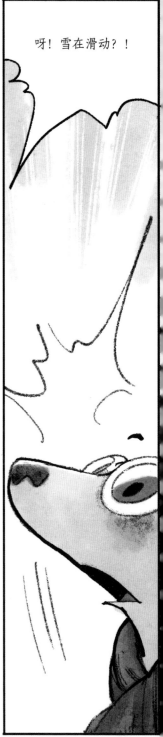

东天山

东天山位于新疆中部天山东段，东接河西走廊，西北通阿尔泰山，既是古代丝绸之路东西方文明交流的重要通道，也是农牧文化互动与交融的重要区域。

天山山脉东段的最高峰

距乌鲁木齐约 60 千米处，是著名的博格达峰，海拔 5445 米，直插云霄，银盔玉甲，气势雄伟。因山峰 3800 米以上是终年不化的积雪区，白雪皑皑，故有"雪海"之称。

天山明珠

博格达峰北坡上的天山天池古称"瑶池"，是新疆最著名的高山湖泊之一，现已被开辟为国家地质公园。天池湖面海拔 1900 余米，南北长 3000 余米，东西最宽处 1500 余米，总蓄水量 1.6 亿立方米。2013 年，被列入《世界遗产名录》。

横跨四国的巨大山系

天山是世界七大山系之一，东西横跨中国、哈萨克斯坦、吉尔吉斯斯坦和乌兹别克斯坦四国，全长约 2500 千米，南北宽 250～350 千米，是世界上最大的独立纬向山系，也是世界上距离海洋最远的山系和全球干旱地区最大的山系。天山山脉把新疆分成两部分：南边是塔里木盆地，北边是准噶尔盆地。

西王母与天池的传说

天池位于博格达峰下的半山腰，是一个湖面呈半月形的天然高山湖泊。在民间传说中，天池是西王母居住的仙境。来到天池如登仙境，"瑶池仙境世绝殊，天上人间遍寻无"。天池的自然景色，既具峨眉之秀，又显华山之雄，更有别具一格的美。天池共有三处水面。除主湖外，在东西两侧还有两处水面，东侧为东小天池，古名黑龙潭，有名景曰"悬泉瑶虹"；西侧为西小天池，又称玉女潭，有美景曰"龙潭碧月"。

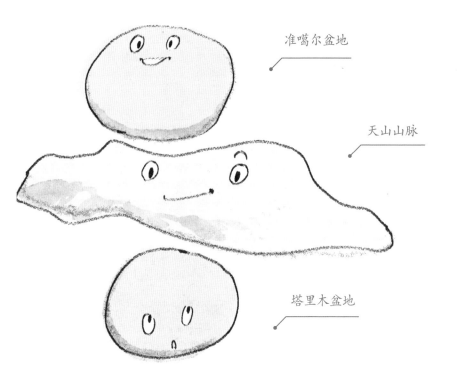

准噶尔盆地

天山山脉

塔里木盆地

咕嘟！咕嘟！

这里就是《西游记》里的火焰山。真是名副其实，烤得我都要脱皮了……

吐鲁番盆地

吐鲁番盆地是中国海拔最低的地方，东部的火焰山是一座绵延百余千米的红色砂岩山，远看就像一团火焰在燃烧。这里昼夜温差大，虽然白天酷热难耐，一旦太阳下山，天气就很快凉爽起来。所以当地有"早穿棉袄午穿纱，围着火炉吃西瓜"的俗语。

古老的"火洲"

吐鲁番盆地北接东天山，南面有一处低矮的山丘，是一个被两山夹持的盆地。这里由于四面环山，盆地像一口巨大的锅。加上地处沙漠，光照强烈，大地吸收了大量的热量却散发不出去，所以就成了著名的"火洲"。

宝藏盆地

除了美味的葡萄，吐鲁番盆地里还有许多宝藏，比如风能。由于盆地高低悬殊的地势，温度振幅很大，导致这里多大风，每年3～6月，西北风尤为强烈。

🐻 中国地势最低的地方

吐鲁番盆地是仅次于死海、阿萨勒湖的世界第三低洼地。盆地四周山岭高耸，盆地内部受热快而散热慢，所以夏天高温干燥，其蒸发量是降雨量的百倍甚至数百倍，夏天最高气温曾接近过50℃。

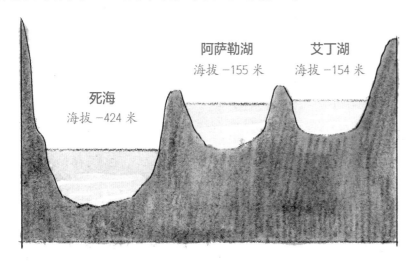

坎儿井示意图

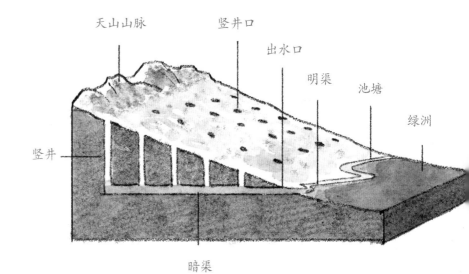

🐻 地下引水渠道

水利是农业的命脉，吐鲁番盆地北部有丰富的地下水源，当地人为减少水的蒸发，修建了著名的"坎儿井"。一般而言，一个完整的坎儿井系统包括竖井、暗渠（地下渠道）、明渠（地面渠道）和错现（小型蓄水池）4个主要组成部分。人们利用坎儿井将春、夏季节渗入地下的大量雨水、冰川及积雪融水引出地表进行灌溉，以满足沙漠地区的生产生活用水需求。

🐻 吐鲁番盆地的3个环带

鸟瞰吐鲁番盆地，可以清楚地看到其中地带呈环状分布。外环由高山雪岭组成，四面群山环抱；中环是戈壁砾石带；内环是最具生命力的绿洲平原。

🐻 瓜果之乡

吐鲁番盆地的日照时间长，昼夜温差大，所以生产出来的瓜果十分香甜，最著名的有哈密瓜和葡萄。此外，盆地内还蕴藏着储量可观的油气资源。

伊犁河谷

伊犁河谷是一个向西开口的山间谷地，正因西边的缺口，来自遥远大西洋的湿润水汽才能越过欧洲和中亚，吹进这个三角形谷地。风没法越过周围的高山，就在迎风坡形成常降水。所以伊犁河谷的气候特别湿润，素有"西域湿岛""塞外江南"之美称。

神秘秀丽的河谷

河谷内有新疆境内流量最大的河流——伊犁河和海拔最高的高山湖泊——赛里木湖。河谷上还有个南北走向的沟谷，叫库尔德宁。在这条宽阔的"横沟"中，只要赶上晴朗的天气，清晨时分便会飘起一层浓雾，将山间的雪岭云杉和野果林隐藏起来。

瓜果飘香

伊犁河谷是世界薰衣草三大种植基地之一，还出产小麦、玉米、胡麻、甜菜、棉花、苹果、蟠桃、草莓等。

多民族栖息之地

先秦时，伊犁为塞种人牧地，西汉初年为大月氏所据。由汉迄晋，则是著名的乌孙国所在地。乌孙是现代哈萨克族的祖源之一。隋唐为西突厥及回纥地。元、明为蒙古诸王封地。明末清初为准噶尔部游牧地。1755年，清乾隆平定准噶尔部，统一西域，定名伊犁。伊犁为维语，取义于"犁庭扫闾"（意为将庭院犁平整用来种地，把里巷扫荡成废墟），寓意平定准噶尔功盖千秋，西陲从此永保安宁。

哈萨克族人

"东方瑞士"库尔德宁

伊犁巩留县境内的库尔德宁，群山连绵，草原辽阔，除了生长着珍贵的雪岭云杉外，还是天山山脉森林最繁茂的地方，人们在这里常常能发现雪豹、狗熊、盘羊、金雕、雪鸡等珍稀动物的身影。

地势高峻的汗·腾格里峰

汗·腾格里峰，位于中国和吉尔吉斯斯坦的国界线上，是天山山脉的第二高峰，也是哈萨克斯坦的最高峰，海拔6995米。汗·腾格里峰峰体高峻而雄伟，终年积雪，冰、雪崩频繁。

塔里木盆地

塔里木盆地位于新疆维吾尔自治区的南部，西起帕米尔高原，东至甘肃、新疆边境，东西长约1400千米，南北最宽处约520千米，面积约40万平方千米，约占新疆总面积的二分之一，是我国最大的内陆盆地，也是世界上最大的内陆盆地。

🐾 中国最大的沙漠

盆地中央是中国最大的沙漠，也是世界第二大流动性沙漠——塔克拉玛干沙漠。整个沙漠面积达33万平方千米。平均年降水量不超过100毫米，最低只有四五毫米，平均蒸发量则高达2500～3400毫米。塔克拉玛干沙漠上流淌的河流都是内流河，其水量多来源于高山融雪，其中塔里木河是中国最大的内流河。在塔里木河下游，河道深入沙漠腹地，那里分布着世界上最古老、面积最大、保存最完整的原始胡杨林。

🐻 丝绸之路上的险要地段——白龙堆

雅丹地貌是干燥地区由风沙刻蚀出来的，主要是由连片的风蚀丘、台组成的特殊地貌。塔里木盆地的罗布泊地区东北部，分布着著名的白龙堆雅丹地貌。白龙堆的土台以砂砾、石膏泥和盐碱构成，呈灰白色，在阳光下还会反射鳞甲般的银光，故古人称之为"白龙"。从远处望去，白龙堆就像一群在沙海中游弋的白龙，白色的脊背在波浪中时隐时现，首尾相衔，是一处危险的无人区。

🐻 中国最古老的内陆产棉区

塔里木盆地光照条件好，热量丰富，昼夜温差大，有利于作物积累养分，又不利害虫孳生，是中国优质棉种植的高产稳产区。这里还有丰富的瓜果资源，著名的有库尔勒香梨、库车白杏、阿图什无花果、叶城石榴、和田红葡萄等。

雅丹地貌

🐾 南疆地区的母亲河

塔里木盆地北部的塔里木河，流域面积102万平方千米，是中国最大、世界第五大内流河（第一大为伏尔加河），是南疆地区的母亲河，天山以南的绿洲基本都靠塔里木河水灌溉。塔里木河历史上曾是丝绸之路上重要的生命线。

🐾 野生动植物的家园

塔里木河流域呈走廊状，分布着世界上目前面积最大的一片原始胡杨林。林中伴生诸多梭梭、甘草、柽柳、骆驼刺等沙生植物，养育着塔里木马鹿、野生双峰驼、鹅喉羚、大天鹅、鹭鸶等上百种野生动物。

塔里木河

罗布泊

罗布泊位于新疆东南部，深居亚欧大陆内陆，曾是中国第二大内陆湖。这里遍布荒漠，异常干旱，自然环境极为恶劣。

古老的盐泽

早在3000年前，罗布泊就出现在古代典籍中，那时候人们叫它幼泽，也叫盐泽，因为四周都是盐碱地，可以晒盐。

逐渐沙化

自汉代以来，罗布泊就开始了屯田开发，人类开垦种田又弃耕撂荒，大规模砍伐森林，连年征战，使当地植被严重退化。自然原因加上人类作用，罗布泊的自然环境愈发恶劣。

死亡之海

罗布泊干涸后，湖底受强风侵蚀，形成了一片片雅丹地貌。复杂的地形很容易让人迷失方向，于是人们将这里称为"死亡之海"。

🐾 再现盐湖美景

如今，人们在罗布泊发现了一个巨大的钾盐矿。钾盐是一种重要的矿产资源。为了稀释钾盐，得到珍贵的卤水，人们把地下水引到地面，形成了一个近 200 平方千米的钾盐湖。站在湖边可见水天一色，宛如到了海边。

🐾 古河道中的新主人

盐水填满了以前的古河道，河边渐渐生长出耐盐耐旱的胡杨、沙枣、骆驼刺等沙漠特有植物。有了植物，动物也来了。野骆驼、黄羊和马鹿等野生动物，成了这里的新主人。

野骆驼

黄羊

🐾 罗布泊地区的气候

罗布泊地区属于典型的内陆干旱荒漠气候，异常干燥、炎热，夏季最高气温超过 40℃，冬季最低气温 − 20℃以下。夏季为大风季节，常常发生沙暴。

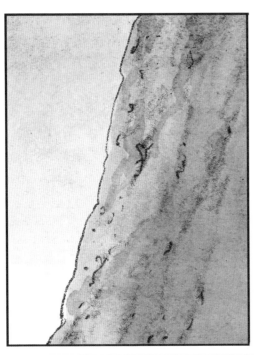
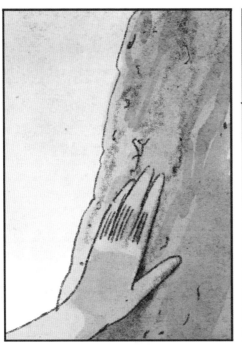

> 一片悲凉的**楼兰古国**……

楼兰古国

楼兰位于罗布泊西部，处于西域的枢纽，在古代丝绸之路上占有极为重要的地位。现今，这里只留下一片废墟遗迹。

古国残垣

楼兰古国城东、城西残留的城墙高约 4 米，宽约 8 米，用黄土夯筑。居民区的房屋全是木造的，房屋的门、窗仍清晰可辨。城中心有唯一的土建筑，墙厚 1.1 米，残高 2 米，坐北朝南，似为古楼兰统治者的住所。城东的土丘原是居民们拜佛的佛塔。

不解之谜

《史记》中记载："楼兰，姑师邑有城郭，临盐泽。"自西汉至唐朝，楼兰都是边陲重镇。不知从什么年代起，这个繁荣一时的城镇神秘地消失了，这至今仍是个不解之谜。

斯文·安德斯·赫定（1865年2月19日—1952年11月26日），瑞典地理学家、地形学家、探险家、摄影家、旅行作家。在对中亚的四次探险考察中，他发现了喜马拉雅山脉、雅鲁藏布江、印度河和象泉河的发源地，罗布泊及塔里木盆地沙漠中的楼兰城市遗迹、墓穴和长城。他死后出版的中亚地图集是他毕生工作的结晶。

楼兰的历史变迁

楼兰国在何时建立至今不详，最早于西汉时期见于汉文史料记载，当时的汉朝还不知晓楼兰位在何处，直至张骞出使西域后，才被司马迁和班固记在史书中。公元前3世纪时，楼兰受月氏统治。后来匈奴打败月氏，楼兰又为匈奴所管辖。公元前77年，楼兰国更名鄯善国，向汉朝称臣。由于罗布泊的生存环境日益恶劣，公元422年后，民众遗弃楼兰城，逐渐南移。公元448年，楼兰国被北魏所灭，自此灭亡。

沙漠中的庞贝城

楼兰古城遗址位于新疆巴音郭楞蒙古自治州，整个遗址散布在罗布泊西岸的雅丹地貌群中。古城最早的发现者是瑞典探险家斯文·安德斯·赫定，这个被他定称为"沙漠中的庞贝城"的古城震惊了整个世界。近代在对楼兰及其附近的考古发掘中发现了一些楼兰时期的木乃伊——塔里木木乃伊。

枯死的胡杨

阿尔金山的气温
真令人吃不消……

难怪人迹罕至。

不过，鸟儿倒
是不少！

嘿，还有藏羚羊！

哇噢……

阿尔金山

阿尔金山是塔里木盆地和柴达木盆地的界山，也是构成青藏高原北边屏障的山脉之一。全长730千米，最宽处约100千米。

丰富的地貌景观

阿尔金山有雪山、冰川、草原、湿地、沙漠、湖泊和戈壁等地貌景观。山中300多条冰川融水形成了8条河流、众多时令河，和数不清的大小湖泊。但因为阿尔金山地处高原山地，平均海拔3000米以上，属于典型的高寒气候，所以没有形成可以供人类居住的绿洲。

人迹罕至的地方

这里的冬季长达9个月，而且非常寒冷。就算在短暂的夏季，也常常刮大风，气候非常恶劣。山脚下，北边是一望无际的塔克拉玛干沙漠，南边则是青藏高原。这种地方，除了偶尔有勇士前来探险，鲜少有人踏足。

野生动物的天堂

恶劣的环境使阿尔金山保留了淳朴自然的原始风光，成为野生动物的天堂。这里有野牦牛、藏野驴、藏羚羊等国家一级保护动物，还有岩羊、藏原羚、野骆驼等野生动物。每年春天，数以万计的棕头鸥、赤麻鸭、黑颈鹤和红脚鹬飞到这里筑巢度夏。它们会在这里寻找配偶、繁衍后代，直到秋天，才会带着刚学会飞行的雏鸟飞往南方。

阿尔金山自然保护区

为了保护这些珍稀的动物，人们于1985年3月在这里成立了阿尔金山国家级自然保护区。保护区面积4.5万平方千米，是中国最大的野生动物自然保护区。保护区群峰巍峨，峡深谷幽，丛林莽莽，人迹罕至，是各类野生动物的天然乐园。

魔鬼谷的秘密

在阿尔金山自然保护区东端，有个景色迷人的峡谷，却流传着许多神秘且可怕的传说："黑云笼罩山谷，伴随着电闪雷鸣，即可看到蓝莹莹的鬼火……"因此，人们把这里称作"魔鬼谷"。后来，科考人员发现，这里其实是一个雷击区，所谓的神秘现象，不过是雷雨云和地下磁场共同作用下产生的"雷暴"现象。

岩羊

藏野驴

喀喇昆仑山

喀喇昆仑山和昆仑山虽然听起来很相似，却是两座走向完全不同的山脉。"喀喇昆仑"源自突厥语，意为"黑色岩山"，是中国、阿富汗、巴基斯坦等多国共有的界山。山脉平均海拔约6000米，其中有4座山峰超过8000米。

🐻 冰川之最

喀喇昆仑山是世界山岳冰川最发达的高大山脉，冰川总面积达1.86万平方千米。险峻的雪峰、巨大的冰川、数以百计的石塔和尖峰，令人望而生畏，自古被称为"天险"。全世界低纬度山地冰川长度超过50千米的共有8条，其中喀喇昆仑山占6条。除了极地，这条山脉的冰川比世界上任何地方都要多和长。

🐻 令人梦寐以求的雪峰

英国作家詹姆斯·希尔顿曾写道："喀喇昆仑山脉是地球上最令人敬畏的山地景观之一，也是地质学家、登山家和旅行家梦寐以求的地方……这里的每一座雪峰都让登山者梦寐以求。"

难以攀爬的山峰

乔戈里峰是喀喇昆仑山脉的主峰，又称 K2 峰，海拔 8611 米。"K"指喀喇昆仑山，"2"表示当时它是喀喇昆仑山脉第二座被考察的山峰。乔戈里峰是世界第二高峰，海拔仅次于珠穆朗玛峰，地形险恶，气候也十分恶劣，是国际登山届公认难以攀爬的山峰之一。

喀喇昆仑山的动植物

在较温湿的山脉南坡，从谷地到海拔约 3000 米处，生长着松林、喜马拉雅山杉，邻近河流处可见柳和白杨。由此往上为高山草原。这里还生活着雪豹、野牦牛和藏羚羊等动物。在南坡山麓地带有野驴、短耳兔和土拨鼠。鸟类有砂松鸡、西藏雪鸡、鹏鸽、朱鹭、白鸽及红花鸡等。

喀喇昆仑山的气候

喀喇昆仑山垂直气候差异明显。冬、春受西风环流影响，降水丰富，夏季亦有一定数量的降水。在西南季风强大的年份，常出现暴雨性降水，造成洪水与泥石流灾害。

短耳兔

雪豹

西藏雪鸡

乔戈里峰

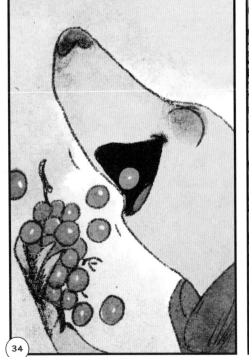

好甘甜的吐鲁番葡萄，太好吃了！真是不虚此行……

新疆

新疆是久负盛名的"瓜果之乡"。这里的瓜果品种繁多，品质优良，其中以哈密瓜、吐鲁番葡萄、库尔勒香梨、和田核桃、叶城石榴、喀什樱桃最为有名。

吐鲁番葡萄为什么这样甜

吐鲁番的葡萄，是新疆最具代表性的水果之一。这里气温高，日照时间长，昼夜温差大，特别适合葡萄生长，因而瓜果丰茂；这里地理位置独特，地下水储量丰富，所以水果中的含糖量非常高。

历史悠久的葡萄产地

吐鲁番葡萄种植已有上千年的历史，唐代诗人王翰有诗云，"葡萄美酒夜光杯"，可见那时候西域的葡萄就已闻名天下了。吐鲁番除城郊有大面积的葡萄园外，家家庭院里都种植葡萄，"城在葡萄中，人在葡萄中"。吐鲁番的葡萄不光产量多，品种也多，堪称"世界葡萄植物园"。

新疆的历史变迁

新疆古称西域，唐朝时曾设安西都护府。辽朝灭亡后，宗室耶律大石率部西迁，在这里建立西辽政权。1757 年，清朝彻底平定准噶尔叛乱，乾隆皇帝把这片土地命名为"新疆"，取"故土新归"之意。1762 年清政府设伊犁将军，作为清政府在新疆的最高军政长官。1884 年，清政府在新疆设省。1949 年，新疆和平解放。1955 年 10 月 1 日，新疆维吾尔自治区正式成立。

宝藏之地

新疆是明显的温带大陆性气候，夏季高温、光照充足以及昼夜温差大的气候特点使得新疆出产各类优质瓜果，如番茄、哈密瓜、石榴、葡萄等。炎热干燥的气候和稳定的灌溉水源使南疆成为中国最大的优质棉花生产基地。新疆也是中国油气资源最丰富的省区之一，储量占陆地总储量近三分之一，拥有亿吨级储量油田。

新疆维吾尔族人

新疆美食

三山夹两盆

新疆的地形特点为"三山夹两盆"：南边是昆仑山，北边是阿尔泰山，中间由天山分隔出南部的塔里木盆地与北部的准噶尔盆地两大盆地。一般称天山以北为北疆，以南为南疆，吐鲁番、哈密一带为东疆。整个天山山脉延伸至三个邻国：哈萨克斯坦、吉尔吉斯斯坦和乌兹别克斯坦。

广阔的天然林区

新疆为中国西部干旱地区主要的天然林区，森林广布于山区、平原。天山和阿尔泰山区覆盖着葱郁的原始森林，多为主干挺直的西伯利亚落叶松和雪岭云杉、针叶柏等。塔里木河、玛纳斯河等河流两岸分布着平原阔叶林。在塔里木河流域，丛生着世界著名的珍贵树种胡杨林和灰杨林。

丰富的野生动物

在新疆，生活着500多种野生动物。北疆的兽类有雪豹、紫貂、棕熊、河狸、水獭、旱獭、松鼠、雪兔、北山羊、猞猁等，鸟类有天鹅、雷鸟、雪鸡、啄木鸟等，爬行类有花蛇、草原蝰、游蛇等。南疆的兽类动物有骆驼、藏羚羊、野牦牛、野马、塔里木兔、鼠兔、高原兔、丛林猫、草原斑猫等，爬行类有沙蟒、蜥蜴等。

南北不同的降水量

新疆降水量少，气候干燥，而且各地降水量相差较大。北疆为中温带，受西风带影响，降水稍多。南疆为暖温带，降水稀少。高山地区为高地气候，地形雨偏多，山顶有冰川。

边塞

边塞是一个国家的"大门"。虽然边塞大多环境恶劣、人烟稀少、战争频繁，但是为了防止"大门"被敌人闯入，无数将士仍旧选择远赴边疆，保卫国家安宁。

🐾 大漠风情

汉代的边塞在河西走廊一带，那里是典型的温带大陆性气候，气候干燥，降水量少，满眼都是沙漠戈壁，只能依靠祁连山冰川融水形成的几块绿洲生存。唐朝诗人王维曾写道："大漠孤烟直，长河落日圆。"

🐾 难以翻越的高山

边塞诗中有"明月出天山，苍茫云海间""但使龙城飞将在，不教胡马度阴山"这样的诗句。的确，西北边塞有很多高耸的山脉，比较著名的有天山、阿尔泰山、喀喇昆仑山、阿尔金山、祁连山等。这些海拔几千米的高山地势险峻，在古代交通不便的情况下，几乎就是绝路。

著名的边塞诗人

边塞诗是唐诗中的一支重要流派，以边塞风光与军民生活为题材。著名的边塞诗人有杨炯、高适、岑参、王昌龄、王之涣、王翰及陈子昂等。

边塞诗的黄金时代

唐朝是边塞诗发展的黄金时代。由清康熙皇帝安排编纂的《全唐诗》中所收的边塞诗达两千余首，其中有些宏伟的篇章不但是华夏文学的宝贵财富，而且极具历史意义。

《塞下曲四首》

（唐）王昌龄

蝉鸣空桑林，八月萧关道。

出塞入塞寒，处处黄芦草。

从来幽并客，皆共尘沙老。

莫学游侠儿，矜夸紫骝好。

饮马渡秋水，水寒风似刀。

平沙日未没，黯黯见临洮。

昔日长城战，咸言意气高。

黄尘足今古，白骨乱蓬蒿。

奉诏甘泉宫，总征天下兵。

朝廷备礼出，郡国豫郊迎。

纷纷几万人，去者无全生。

臣愿节宫厩，分以赐边城。

边头何惨惨，已葬霍将军。

部曲皆相吊，燕南代北闻。

功勋多被黜，兵马亦寻分。

更遣黄龙戍，唯当哭塞云。

《出塞》

（唐）王昌龄

秦时明月汉时关，万里长征人未还。
但使龙城飞将在，不教胡马度阴山。

小知识加油站

丝绸之路，简称"丝路"，一般指陆上丝绸之路，广义上讲，又分为陆上丝绸之路和海上丝绸之路。

陆上丝绸之路

陆上丝绸之路起源于西汉（公元前202年—公元8年）汉武帝派张骞出使西域开辟的以首都长安（今西安）为起点，经甘肃、新疆，到中亚、西亚，并连接地中海各国的陆上通道。东汉时期丝绸之路的起点在洛阳。它的最初作用是运输中国古代出产的丝绸。除此之外，还有中国的瓷器、茶叶、香料等备受外国人喜爱的商品。1877年，德国地质地理学家李希霍芬在其著作《中国》一书中，把"从公元前114年至公元127年间，中国与中亚、中国与印度间以丝绸贸易为媒介的这条西域交通道路"命名为"丝绸之路"，这一名词很快被学术界和大众所接受，并正式运用。其后，在德国历史学家于20世纪初出版的《中国与叙利亚之间的古代丝绸之路》一书中，根据新发现的文物考古资料，进一步把丝绸之路延伸到地中海西岸和小亚细亚，确定了丝绸之路的基本内涵，即它是中国古代经过中亚通往南亚、西亚以及欧洲、北非的陆上贸易交往的通道。

东西方文明的交会之路

　　丝绸之路，被认为是连结亚欧大陆古代东西方文明的交会之路。数千年来，游牧民族或部落、商人、教徒、外交家、士兵和学术考察者沿着丝绸之路四处活动。随着时代发展，丝绸之路成为古代中国与西方所有政治经济文化往来通道的统称。

海上丝绸之路

　　"海上丝绸之路"是古代中国与外国交通贸易和文化交往的海上通道，该路主要以南海为中心，所以又称南海丝绸之路。海上丝绸之路形成于秦汉时期，发展于三国至隋朝时期，繁荣于唐宋时期，转变于明清时期，是已知的最为古老的海上航线。

珍贵的世界遗产

　　2014 年 6 月 22 日，中、哈、吉三国联合申报的陆上丝绸之路的东段"丝绸之路：长安—天山廊道的路网"成功申报为世界文化遗产，成为首例跨国合作而成功申遗的项目。

海上丝绸之路